水利部黄河水利委员会

黄河防洪建设金属结构设备安装工程预算定额

黄河水利出版社
·郑州·

图书在版编目（CIP）数据

黄河防洪建设金属结构设备安装工程预算定额/水利部黄河水利委员会编. —郑州：黄河水利出版社，2012.6

ISBN 978-7-5509-0240-4

Ⅰ.①黄… Ⅱ.①水… Ⅲ.①黄河-防洪工程-金属结构-建筑安装-建筑预算定额 Ⅳ.①TV882.1

中国版本图书馆 CIP 数据核字(2012)第 074874 号

组稿编辑:王路平　电话:0371-66022212　E-mail:hhslwlp@126.com

出 版 社:黄河水利出版社

地址:河南省郑州市顺河路黄委会综合楼 14 层　邮政编码:450003

发行单位:黄河水利出版社

发行部电话:0371-66026940、66020550、66028024、66022620(传真)

E-mail:hhslcbs@126.com

承印单位:黄河水利委员会印刷厂

开本:850 mm×1 168 mm　1/32

印张:0.75

字数:20 千字　印数:1—500

版次:2012 年 6 月第 1 版　印次:2012 年 6 月第 1 次印刷

定价:30.00 元

水利部黄河水利委员会文件

黄建管［2012］150号

关于发布《黄河防洪工程预算定额》的通知

委属有关单位、机关有关部门：

为了适应黄河水利工程造价管理工作的需要，合理确定和有效控制黄河防洪工程建设投资，提高投资效益，根据国家和水利部的有关规定，结合黄河防洪工程建设实际，黄河水利委员会水利工程建设造价经济定额站组织编制了《黄河防洪工程预算定额》和《黄河防洪建设金属结构设备安装工程预算定额》，现予以颁布，自2012年7月1日起执行。黄河水利委员会于2004年颁布的《黄河下游放淤（泵淤）工程预算定额》（试行）、2005年颁布的《黄河下游放淤（船淤）工程预算定额》（试行）、2008年颁布的《黄河防洪砌石工程预算定额》（试行）、2009年颁布的《黄河防洪土方工程预算定额》（试行）、2010 年颁布的《黄河防洪钻孔灌浆和其他工程预算定额》（试行）、2011 年颁布的《黄河防洪建设混凝土工程预算定额》（试行）和 2011 年颁布的《黄河防洪建设机电设备安装工程预算定额》（试行）同时废止。

本定额与水利部颁布的《水利建筑工程预算定额》(2002）和《水利水电设备安装工程预算定额》（1999）配套使用（采用本定额编制概算时，应乘以概算调整系数)，在试行过程中如有问题请及时函告黄河水利委员会水利工程建设造价经济定额站。

水利部黄河水利委员会

二〇一二年三月三十日

主题词：防洪工程　工程预算　定额　黄河　通知

抄　送：水利部规划计划司、建设与管理司、水利水电规划设计总院、水利建设经济定额站。

黄河水利委员会办公室　　　　2012 年 4 月 1 日印制

主持单位 黄河水利委员会水利工程建设造价经济定额站

主编单位 黄河勘测规划设计有限公司

审　　查 王震宇　杨明云

主　　编 刘家俊　袁国芹　宋玉红　李　涛

副 主 编 李永芳　李正华　王艳洲

编写组成员 刘家俊　袁国芹　宋玉红　李　涛　李永芳　李正华　王艳洲　蔡文勇　韩红星　闫　鹏　李建军　岳绍华　张　波　刘　云　张　斌　丁正中　赵春霞　李晓萍　王　晖　杨芳芳　竹怀水　宋修昌　王伟娟　杨　娜　陈丽晔

目　录

说　明

一、《黄河防洪建设金属结构设备安装工程预算定额》（以下简称本定额），分为桥式起重机安装、液压启闭机安装、卷扬式启闭机安装、螺杆式启闭机安装、电动葫芦安装、单轨小车安装、工字钢轨道安装、钢筋混凝土闸门安装、铸铁闸门安装等九节。

二、本定额是根据黄河防洪工程建设实际，对水利部颁发的《水利水电设备安装工程预算定额》（1999）的补充。本定额适用于黄河防洪建设工程，是编制工程预算的依据和编制工程概算的基础，并可作为编制工程招标标底和投标报价的参考。

三、本定额根据国家和有关部门颁发的定额标准、施工技术规范、验收规范等进行编制。

四、本定额适用于下列主要施工条件

1. 设备、附件、构件、材料符合质量标准及设计要求。

2. 设备安装条件符合施工组织设计要求。

3. 按每天三班制和每班八小时工作制进行施工。

五、本定额中人工、材料、机械台时等均以实物量表示。

六、本定额中材料及机械仅列出主要材料和主要机械的品种、型号、规格和数量，次要材料和一般小型机械及机具已分别按占主要材料费和主要机械费的百分率计入“其他材料费”和“其他机械费”中。使用时如有品种、型号、规格不同，不分主次均不作调整。

七、本定额中未计价材料的用量，应根据施工图设计量并计入规定的操作消耗量计算。

八、定额中人工、机械用量是指完成一个定额子目内容所需的全部人工和机械，包括基本工作，准备与结束，辅助生产，不可避免的中断，必要的休息，工程检查，交接班，班内工作干扰，夜间施工工效影响，常用工具和机械的维修、保养、加油、加水等全部工作。

九、定额子目工作内容

1. 桥式起重机安装

本节按桥式起重机起重能力分为5 t一个子目，以“台”为计量单位。

工作内容包括设备各部件清点、检查，行走机构安装，起重机构安装，行程限制器及其他附件安装，电气设备安装和调试，空载和负荷试验。

有关桥式起重机的跨度、整体或分段到货、单小车或双小车负荷试验方式等问题均已包括在定额内，使用时一律不作调整。

本节不包括轨道和滑触线安装、负荷试验物的制作和运输。

转子起吊如使用平衡梁，桥式起重机的安装按主钩起重能力加平衡梁重量之和选用子目，平衡梁的安装不再单列。

2. 液压启闭机安装

本节按液压启闭机设备自重分为3 t、5 t、7 t三个子目，以“台”为计量单位。

工作内容包括设备各部件清点、检查，埋设件及基础框架安装，设备本体安装，辅助设备及管路安装，油系统设备安装及油过滤，电气设备安装和调试，机械调整及耐压试验，机、电、液联调，与闸门连接及启闭试验。

本节不包括系统油管的安装和设备用油。

3. 卷扬式启闭机安装

本节按卷扬式启闭机设备自重分为1 t、2 t、3 t、4 t四个子目，以“台”为计量单位，适用于固定式或台车式、单节点和双节点卷扬式的闸门启闭机安装。

工作内容包括设备清点、检查，基础埋设，本体及附件安装，电气设备安装和调试，与闸门连接及启闭试验。

本节按固定卷扬式启闭机拟定，如为台车式，安装定额乘以1.2的系数，单节点和双节点式不作调整。

本节不包括轨道安装。

4. 螺杆式启闭机安装

本节按螺杆式启闭机自重分为0.5 t、1 t、2 t、3 t、4 t五个子目，以“台”为计量单位。

工作内容包括设备清点、检查，基础埋设，本体及附件安装，电气设备安装和调试，与闸门连接及启闭试验。

本节适用于电动或手、电两用的螺杆式闸门启闭机安装。

5. 电动葫芦安装

本节按电动葫芦起重能力分为1 t、3 t、5 t、10 t四个子目，以“台”为计量单位。

工作内容包括设备清点、检查，本体及附件安装，电气设备安装和调试，与闸门连接及启闭试验。

本节不包括轨道安装。

6. 单轨小车安装

本节按单轨小车起重能力分为1 t、3 t、5 t、10 t四个子目，以“台”为计量单位。

工作内容包括设备清点、检查，本体及附件安装，空载和负荷试验。

7. 工字钢轨道安装

本节按工字钢型号分为$I_{12.6}$、I_{14}、I_{16}、I_{18}四个子目，以“10 m”为计量单位。

工作内容包括预埋件埋设，轨道校正、安装，附件安装。

安装弧形轨道时，工字钢轨道子目中人工、机械定额乘以1.2的系数。

未计价材料，包括轨道及主要附件。

8. 钢筋混凝土闸门安装

本节按钢筋混凝土闸门每扇门自重分为≤5 t、≤10 t、≤15 t三个子目，以“t”为计量单位，包括本体及其附件等全部重量。

工作内容包括行走支承装置安装，锁锭安装，止水装置安装，闸门本体吊装，吊杆和其他附件安装，无（有）水试验。

9. 铸铁闸门安装

本节按铸铁闸门孔口尺寸（宽×高）（mm）分为1200×1200以内、1500×1500以内、2000×2000以内、2500×2500以内、3000×3000以内五个子目，以“套”为计量单位。

工作内容包括设备清点、检查，二期混凝土浇筑，闸门安装，无（有）水试验。

1 桥式起重机

单位：台

项　　目		单位	起重能力
			5 t
工　　长		工时	75.1
高 级 工		工时	377.3
中 级 工		工时	679.6
初 级 工		工时	377.3
合　　计		工时	1509.3
钢　　板		kg	60.80
型　　钢		kg	112.18
垫　　铁		kg	34.94
氧　　气		m^3	9.83
乙 炔 气		m^3	3.93
电 焊 条		kg	8.33
汽　　油	70#	kg	4.88
柴　　油	0#	kg	10.46
油　　漆		kg	7.07
木　　材		m^3	0.45
棉 纱 头		kg	8.51
机　　油		kg	6.43
黄　　油		kg	11.00
绝 缘 线		m	36.78
其他材料费		%	25
汽车起重机	8 t	台时	15.00
电动卷扬机	5 t	台时	26.36
电 焊 机	交流 25 kVA	台时	9.00
空气压缩机	9 m^3/min	台时	9.00
载重汽车	5 t	台时	6.00
其他机械费		%	10
编　　号			11100

2 液压启闭机

单位：台

项　　目		单位	设备自重		
			3 t	5 t	7 t
工　　长		工时	52.6	81.3	109.9
高 级 工		工时	262.6	405.3	548.0
中 级 工		工时	385.1	594.4	803.7
初 级 工		工时	175.2	270.4	365.6
合　　计		工时	875.5	1351.4	1827.2
钢　　板		kg	87.32	111.61	135.90
型　　钢		kg	133.04	165.18	197.32
垫　　铁		kg	4.84	6.01	7.18
氧　　气		m^3	7.36	7.36	7.36
乙 炔 气		m^3	3.25	3.25	3.25
电 焊 条		kg	4.80	6.00	7.20
汽　　油	70#	kg	15.63	18.75	21.88
柴　　油	0#	kg	27.50	33.00	38.50
油　　漆		kg	12.00	12.00	12.00
木　　材		m^3	0.58	0.62	0.66
绝 缘 线		m	2.90	3.60	4.31
棉 纱 头		kg	3.87	4.81	5.74
机　　油		kg	13.55	16.82	20.09
黄　　油		kg	15.96	19.82	23.68
其他材料费		%	10	10	10
汽车起重机	5 t	台时	17.99		
汽车起重机	8 t	台时		19.98	21.97
电动卷扬机	5 t	台时	16.20	27.00	37.80
电 焊 机	交流 25 kVA	台时	9.86	13.14	16.43
载重汽车	5 t	台时	1.50	2.50	3.50
其他机械费		%	10	10	10
编　　号			11101	11102	11103

3 卷扬式启闭机

单位：台

项目		单位	设备自重			
			1 t	2 t	3 t	4 t
工长		工时	15.8	17.8	19.9	21.9
高级工		工时	79.5	89.9	100.3	110.6
中级工		工时	159.7	180.5	201.3	222.2
初级工		工时	63.7	72.1	80.4	88.7
合计		工时	318.7	360.3	401.9	443.4
钢板		kg	11.67	14.00	16.33	18.67
型钢		kg	27.22	32.67	38.11	43.56
垫铁		kg	11.67	14.00	16.33	18.67
氧气		m^3	11.00	11.00	11.00	11.00
乙炔气		m^3	5.00	5.00	5.00	5.00
电焊条		kg	2.67	3.00	3.33	3.67
汽油	70#	kg	2.33	3.00	3.67	4.33
柴油	0#	kg	3.27	4.20	5.13	6.07
油漆		kg	3.67	4.00	4.33	4.67
绝缘线		m	12.46	15.59	18.73	21.86
木材		m^3	0.11	0.13	0.16	0.18
棉布		kg	0.50	0.62	0.75	0.87
棉纱头		kg	1.49	1.87	2.25	2.62
机油		kg	1.49	1.87	2.25	2.62
黄油		kg	1.99	2.49	3.00	3.50
其他材料费		%	15	15	15	15
汽车起重机	5 t	台时	5.04	5.53	6.02	6.51
电焊机	交流 25 kVA	台时	10.00	10.00	10.00	10.00
载重汽车	5 t	台时	2.16	2.37	2.58	2.79
其他机械费		%	10	10	10	10
编号			11104	11105	11106	11107

4 螺杆式启闭机

单位：台

项目	单位	设备自重				
		0.5 t	1 t	2 t	3 t	4 t
工　长	工时	10.1	12.8	15.1	17.2	19.6
高 级 工	工时	50.9	64.4	76.3	86.8	98.8
中 级 工	工时	102.2	129.3	153.3	174.4	198.4
初 级 工	工时	40.8	51.6	61.2	69.6	79.2
合　计	工时	204.0	258.1	305.9	348.0	396.0
钢　板	kg	20.00	25.00	30.00	35.00	40.00
氧　气	m^3	6.00	6.00	10.00	10.00	11.00
乙 炔 气	m^3	2.60	2.60	4.30	4.30	4.80
电 焊 条	kg	1.00	1.25	1.50	1.75	2.00
汽　油	kg	1.50	1.50	2.00	2.00	2.50
油　漆	kg	2.00	2.00	2.50	2.50	3.00
其他材料费	%	10	10	10	10	10
汽车起重机　5 t	台时	1.71	1.71	3.47	4.50	6.75
电 焊 机　交流 25 kVA	台时	2.50	2.50	5.00	6.00	7.50
载重汽车　5 t	台时	1.20	1.40	1.80	2.20	2.60
其他机械费	%	5	5	5	5	5
编　号		11108	11109	11110	11111	11112

5 电动葫芦

单位：台

项　　目	单位	起重能力			
		1 t	3 t	5 t	10 t
工　　长	工时	1.4	2.8	4.2	7.6
高 级 工	工时	7.1	14.0	21.0	38.4
中 级 工	工时	14.2	28.2	42.1	77.0
初 级 工	工时	5.7	11.3	16.8	30.8
合　　计	工时	28.4	56.3	84.1	153.8
木　　板	m^3	0.002	0.002	0.003	0.004
汽　　油 70#	kg	0.58	0.62	0.65	0.75
煤　　油	kg	1.56	1.60	1.64	1.74
机　　油	kg	0.84	0.86	0.87	0.90
黄　　油	kg	1.44	1.46	1.47	1.52
棉 纱 头	kg	0.09	0.11	0.24	0.56
棉　　布	kg	1.61	1.72	1.83	2.10
其他材料费	%	15	15	15	15
载重汽车 5 t	台时	0.35	0.42	0.48	0.64
电动卷扬机 5 t	台时	10.56	12.48	14.40	19.20
其他机械费	%	10	10	10	10
编　　号		11113	11114	11115	11116

6 单轨小车

单位：台

项目	单位	起重能力			
		1 t	3 t	5 t	10 t
工　长	工时	1. 3	1. 7	2. 0	2. 8
高级工	工时	6. 6	8. 3	10. 0	14. 3
中级工	工时	13. 3	16. 7	20. 2	28. 7
初级工	工时	5. 3	6. 7	8. 0	11. 5
合　计	工时	26. 5	33. 4	40. 2	57. 3
木　板	m^3	0. 002	0. 003	0. 003	0. 004
汽　油　70#	kg	0. 36	0. 43	0. 51	0. 70
煤　油	kg	1. 34	1. 44	1. 54	1. 80
机　油	kg	0. 63	0. 67	0. 71	0. 80
黄　油	kg	1. 24	1. 28	1. 31	1. 40
棉纱头	kg	0. 26	0. 26	0. 26	0. 27
棉　布	kg	0. 61	0. 62	0. 63	0. 66
其他材料费	%	15	15	15	15
编　号		11117	11118	11119	11120

7 工字钢轨道

单位：10 m

项　　目	单位	工字钢型号			
		$I_{12.6}$	I_{14}	I_{16}	I_{18}
工　　长	工时	3.8	4.0	4.2	4.4
高 级 工	工时	15.1	16.1	16.8	17.7
中 级 工	工时	37.3	39.8	41.4	43.7
初 级 工	工时	18.4	19.7	20.5	21.6
合　　计	工时	74.6	79.6	82.9	87.4
工字钢连板	kg	3.81	4.49	6.73	8.00
钢　　板	kg	0.72	0.72	0.72	1.03
电 焊 条	kg	1.32	1.69	2.41	2.67
氧　　气	m^3	2.68	2.85	2.94	3.49
乙 炔 气	m^3	0.80	0.85	0.87	1.04
调 和 漆	kg	0.83	0.90	1.01	1.11
防 锈 漆	kg	1.23	1.34	1.50	1.66
香 蕉 水	kg	0.12	0.15	0.15	0.18
其他材料费	%	10	10	10	10
电动卷扬机　5 t	台时	1.22	1.28	1.41	1.47
摩擦压力机　300 t	台时	0.58	0.64	0.77	0.90
电 焊 机　交流 25 kVA	台时	1.84	2.30	3.30	3.84
其他机械费	%	5	5	5	5
编　　号		11121	11122	11123	11124

8 钢筋混凝土闸门

单位：t

项目	单位	每扇闸门自重（t）		
		≤5	≤10	≤15
工　　长	工时	2.5	2.2	1.7
高 级 工	工时	13.0	11.5	8.7
中 级 工	工时	22.5	19.9	15.1
初 级 工	工时	13.0	11.5	8.7
合　　计	工时	51.0	45.1	34.2
钢　　板	kg	5.00	4.50	4.00
氧　　气	m^3	1.00	1.00	1.00
乙 炔 气	m^3	0.40	0.40	0.40
电 焊 条	kg	2.00	1.80	1.60
其他材料费	%	10	10	10
汽车起重机　10 t	台时	1.57		
汽车起重机　16 t	台时		1.15	
汽车起重机　25 t	台时			0.86
电 焊 机　交流 25 kVA	台时	1.50	1.50	1.50
其他机械费	%	5	5	5
编　　号		11125	11126	11127

注：闸门止水装置的橡皮和木质水封、导轮及安装组合螺栓等本体价值均不包括在本定额内，应作为设备部件考虑。

9 铸铁闸门

单位：套

项目		单位	宽×高（mm以内）		
			1200×1200	1500×1500	2000×2000
工长		工时	8.5	10.2	13.9
高级工		工时	44.0	53.0	72.0
中级工		工时	76.1	91.8	124.7
初级工		工时	44.0	53.0	72.0
合计		工时	172.6	208.0	282.6
镀锌铁丝		kg	2.00	2.00	2.00
木材		m^3	0.03	0.04	0.05
枕木	250×200×2000	根	0.25	0.33	0.40
膨胀水泥		kg	211.00	276.50	408.00
砂子		m^3	0.33	0.45	0.70
碎石		m^3	0.37	0.52	0.80
棉纱		kg	0.30	0.38	0.50
电焊条		kg	0.36	0.42	0.48
平垫铁		kg	12.00	13.50	15.00
斜垫铁		kg	41.12	46.26	51.40
棉布		kg	0.30	0.38	0.50
黄油		kg	1.30	1.45	1.70
机油		kg	0.30	0.38	0.50
煤油		kg	0.90	1.15	1.60
其他材料费		%	15	15	15
汽车起重机	8 t	台时	1.09	1.02	0.51
汽车起重机	12 t	台时		0.58	1.73
载重汽车	5 t	台时	0.32	0.38	0.51
电焊机	直流30 kW	台时	0.59	0.69	0.79
其他机械费		%	10	10	10
编号			11128	11129	11130

续表

项目		单位	宽×高（mm以内）	
			2500×2500	3000×3000
工长		工时	18.6	24.4
高级工		工时	96.7	126.7
中级工		工时	167.3	219.4
初级工		工时	96.7	126.7
合计		工时	379.3	497.2
镀锌铁丝		kg	2.00	2.00
木材		m^3	0.07	0.09
枕木	250×200×2000	根	0.53	0.69
膨胀水泥		kg	581.13	791.96
砂子		m^3	1.03	1.42
碎石		m^3	1.18	1.64
棉纱		kg	0.68	0.89
电焊条		kg	0.59	0.71
平垫铁		kg	17.63	20.72
斜垫铁		kg	60.43	71.00
棉布		kg	0.68	0.89
黄油		kg	2.05	2.48
机油		kg	0.68	0.89
煤油		kg	2.21	2.96
其他材料费		%	15	15
汽车起重机	8 t	台时	0.67	0.87
汽车起重机	12 t	台时	3.21	5.02
载重汽车	5 t	台时	1.54	2.20
电焊机	直流30 kW	台时	1.83	2.49
其他机械费		%	10	10
编号			11131	11132

附录　施工机械台时费定额

项目		单位	摩擦压力机
			300 t
（一）	折旧费	元	24.07
	修理及替换设备费	元	6.70
	安装拆卸费	元	
	小计	元	30.77
（二）	人工	工时	3.1
	汽油	kg	
	柴油	kg	
	电	kW·h	15.1
	风	m^3	
	水	m^3	
	煤	kg	
编号			9229